LA
CATASTROPHE

DU

BALLON « L'ARAGO »

Dans le numéro du 1er septembre 1886 nous avons exposé les résultats remarquables obtenus, le 29 juillet de la même année, par MM. Lhoste et Mangot, lorsqu'ils ont traversé la Manche, en partant de Cherbourg. Aujourd'hui, nous avons à résumer ce que l'on sait d'une nouvelle expédition des mêmes aéronautes, qui, se servant du même ballon, ont éprouvé un sort bien différent, hélas ! En effet, au lieu de faire flotter cette fois notre drapeau tricolore au-dessus de la Tamise, ils ont terminé leur grand bond audacieux dans les régions encore inconnues, et jusqu'ici l'Atlantique a gardé le silence sur leur sort ! Mais combien les circonstances de leur récent départ étaient différentes de celles de l'an dernier.

Au lieu de confier leur vie à une brise stable, que le génie pénétrant de Giffard avait indiqué, il y a près de dix ans, comme devant mener sûrement en Angleterre, nos deux amis, se sont laissé tromper par les promesses fallacieuses d'un vent qui n'a ni durée certaine, ni direction franchement accusée. Quoique semblables en apparence, les deux expéditions n'en étaient que plus différentes, et l'issue terrible de l'une est la confirmation des méthodes qui ont amené le succès de l'autre.

Quelle que soit la douleur que nous éprouvons en envisageant le sort réservé à deux soldats de l'armée aéronautique, ce n'est pas dans les colonnes d'un journal militaire que cette considération diminuera 'les éloges que nous devons à la vaillance des deux jeunes navigateurs aériens, dont la trace a été perdue dans les ténèbres de la nuit du 13 au 14 novembre. Nous réserverons nos critiques pour le jour, de plus en plus incertain, où nous aurions le bonheur de les serrer dans nos bras, en assistant à la joie de leurs familles, dont nous nous efforçons inutilement, en ce moment, d'arrêter les pleurs.

Ayant l'honneur de parler à des soldats, accoutumés au sacrifice de la vie, dignes d'apprécier toute espèce d'héroïsme, nous commencerons cette étude par donner quelques détails biographiques, nécessaires pour comprendre comment Lhoste et Mangot se sont laissé entraîner jusqu'à dépasser peut-être les bornes de la bravoure, avec une insouciance, une gaieté inépuisable, qualités dont les fils de notre patrie ont toujours été si prodigues, depuis que les Gaulois allaient en chantant brûler la Ville Eternelle.

François Lhoste est le second fils d'un fabricant aisé d'objets en fer battu de la rue des Noyers, dont le nom est avantageusement connu dans le commerce parisien. Agé de 20 ans à peine, il est entré en qualité d'élève volontaire à l'académie d'aérostation, dans le courant de l'année 1879. Sous les ordres du lieutenant de gendarmerie Gauthier, il prenait part à une ascension exécutée à Etampes, le 12 octobre 1880. L'ascension se termina à Chartres, par une descente mouvementée, et le commandant du ballon faisait au comité le rapport le plus avan-

LA
CATASTROPHE

DU

BALLON « L'ARAGO »

PAR

WILFRID DE FONVIELLE

avec les portraits

de LHOSTE et MANGOT

Prix : 1 franc

PARIS
A LA DIRECTION DU " SPECTATEUR MILITAIRE "
39, RUE DE GRENELLE-SAINT-GERMAIN, 39

1888

tageux sur l'habileté, le sang-froid et le courage du néophyte, auquel on ne pouvait reprocher qu'une ardeur trop bouillante. Pendant que les deux voyageurs étaient en l'air, je faisais à Etampes une conférence sur les « *Ballons du Siège* »; je dépeignais de mon mieux le mérite des voyageurs aériens, qui, sans être jamais montés en ballon, et parfaitement étrangers aux premiers éléments de la navigation aérienne, s'étaient lancés à corps perdu dans l'espace, afin de permettre à Paris bloqué de répandre au dehors les inspirations patriotiques d'une population résignée à tous les sacrifices, sauf celui de l'honneur.

Je fis remarquer à mes auditeurs que la multiplication des expériences aériennes était un puissant moyen d'entretenir le feu sacré dans la jeunesse, précisément à cause du péril dont elles sont environnées! Combien j'étais loin de prévoir jusqu'à quel point ces avis auraient de l'écho dans quelques âmes, peut-être trop éprises de la gloire.

Ce n'est point ici le lieu de raconter en détail les ascensions de Lhoste; nous nous bornerons à dire qu'il a toujours fait preuve d'un entrain, d'une ardeur, que les plus sages avis pouvaient à peine tempérer.

Il n'y a point en France de région où les ballons soient aussi populaires que dans les environs de Montdidier, petite ville de la Somme, située sur les confins du département de l'Oise, dans le voisinage de la forêt d'Epineuse, où, le 7 octobre 1870, Gambetta effectuait, avec M. Spüller, sa périlleuse descente. Là, on n'a pas oublié autant qu'ailleurs ce mémorable évènement, qui permit à un grand orateur de communiquer à la province le feu dévorant son âme ardente. Il n'y a pas dans cette contrée de fête complète, si les ballons n'y figurent.

Ville petite mais ancienne, et ayant joué un grand rôle dans l'histoire, Montdidier a conservé le culte du passé, et se plaît à célébrer la mémoire des hommes illustres qui y ont vu le jour.

Au mois de mai 1886, on y célébra le centenaire de l'importation en France des pommes de terre, par le philanthrope Parmentier, et l'on confia à Lhoste l'ascension qui devait célébrer cet événement pacifique entre tous !

Alors âgé de 18 ans, et frère cadet du directeur de l'usine à gaz, Joseph Mangot avait, depuis son enfance, entendu célébrer les ballons; il connaissait par cœur le récit de toutes les aventures aériennes. Il voulut accompagner Lhoste dans son excursion. Mais l'aérostat étant trop petit, le jeune néophyte dut rester à terre ! Un désappointement trop cuisant produisit les effets ordinaires de toute passion contrariée ; Mangot conçut le projet de faire construire un ballon d'expériences, qui servirait à exécuter le projet approuvé par Henry Giffard, et à réaliser la traversée de la Manche en partant de Cherbourg. Lhoste accepta ses ouvertures, et l'on équipa le *Torpilleur* du cube de 1,000 mètres, que l'on pourvut des agrès décrits dans notre précédent article. Le voyage fut heureux, il réussit dans les conditions les plus merveilleuses (1).

Depuis le succès de l'expérience du 29 juillet, il ne fut plus question que de ballons à Montdidier. On disposa dans le jardin public une prise permanente, ce qui n'existé encore dans aucune ville de France. M. Mangot aîné étudia les moyens de produire un gaz spécial pouvant enlever plus de 700 grammes par mètre cube. Fille et veuve d'anciens chirurgiens militaires de l'armée d'Afrique, Mme Mangot apprécie les entreprises destinées à honorer la France ; cette dame fit construire, dans sa maison de campagne, une vaste salle, ornée avec luxe, pour le gonflement

---

(1) Voir la brochure publiée à la librairie du *Spectateur*, par M. Joseph Mangot, *La traversée de la Manche*.

des aérostats. M. Mangot aîné, ce fut peut-être le premier
directeur d'usine ayant expérimenté son gaz en qualité
d'aéronaute, se lança lui aussi dans les airs !

En même temps qu'il projetait de nouvelles expéditions,
le jeune Mangot n'oubliait pas Gambetta. Il faisait construire, à ses frais, une colonne en pierre blanche de deux
mètres de hauteur, qu'il avait l'intention de placer au pied
du chêne où l'*Armand Barbès* s'était arrêté pendant la
journée du 7 octobre 1870. Au mois de septembre dernier,
en compagnie de Mme Mangot, de ses deux fils, de M. et
Mme Gravis, aéronautes d'Amiens, nous nous rendions dans
la forêt d'Epineuse. De la bouche du garde-chasse Lambert,
qui avait aidé MM. Gambetta et Spüller à atterrir, nous
entendions le récit de tout ce qui s'était passé, et nous
racontions les détails de notre excursion dans le *Journal
de Montdidier*. Que nous étions loin de nous douter que
nous condamnions à une fin ignominieuse le bel arbre centenaire dont nous avions admiré tous le port gracieux, que
nous appelions la hache des bûcherons de M. de Morgan
sur le témoin muet de la grande scène, dont notre intention
était de perpétuer le souvenir.

Ne semble-t-il pas que la profanation d'un tronc qui
devait être respecté comme le saule de Sainte-Hélène,
le laurier de Virgile, le pommier de Newton, le mûrier
de Shakespeare, a appelé fatalement la vengeance de
quelque divinité infernale, les Euménides de la Grèce
s'unissant à nos vieilles furies druidiques; un destin inexo-
rable a cueilli parmi nous la victime la plus innocente,
celle dont la perte devait faire couler le plus de larmes sur
la terre, et, non contents de cette triste vengeance, les es-
prits malfaisants ont entraîné dans la catastrophe de cet
ardent jeune homme, son ami, celui qui l'avait initié à l'art
aventureux des aéronautes.

Après notre pèlerinage au chêne, Lhoste et Mangot sont

partis pour une grande tournée aérostatique dans laquelle
ils ont employé le *Torpilleur*, débarrassé de ses agrès
maritimes, réparé, reprisé, reverni, et, à notre sollicita-
tion, débaptisé. Les deux jeunes propriétaires lui donnè-
rent le nom d'*Arago*, hommage rendu au grand astro-
nome qui, passionnément épris de toutes les gloires de
la France, a rédigé de précieuses instructions pour les
aréonautes de l'avenir.

Cet expédition fut longue et semée d'épisodes dramati-
ques, émaillée de charmantes excursions en mer, réussies
en profitant de l'alternance de deux brises, se superposant
l'une à l'autre, Elle se termina à Tunis, par un incident
remarquable qu'il faut rapporter en détail.

Lhoste et Mangot devaient donner aux indigènes le
spectacle d'une course en ballon, et ils avaient projeté de
faire une ascension avec deux petits aérostats de 4 à 500
mètres qui, avec l'*Arago*, constituaient leur matériel.

La production de gaz ayant été insuffisante, on décida
que les ballons seraient lâchés l'un après l'autre. Aussitôt que Mangot vit que son aérostat pouvait le porter, il
donna le signe du départ. Le vent soufflait avec violence
dans la direction de la Méditerranée; ne voulant pas se
laisser entraîner au large, Mangot ouvrit rapidement la
soupape. Le ballon descendit avec une telle impétuosité
que le jeune aéronaute fut frappé à la tête par un vio-
lent coup de cercle qui lui fit perdre immédiatement con-
naissance. C'est un genre d'accident tellement fréquent
que quelques praticiens recommandent, et je suis de leur
nombre, de ne partir qu'avec un chapeau haut de forme
qui, dans un pareil cas, s'écrase comme un gibus mais
amortit la violence du choc. Lâchant malgré lui les cor-
dages, Mangot tomba évanoui sur le rivage. L'aérostat re-
bondit et disparut dans l'espace. Jamais plus on n'en enten-
dit parler! Le naufragé fut recueilli par des Arabes et

porté dans une ferme voisine, habitée par une famille
allemande qui, hâtons-nous de le dire, l'hébergea et le
soigna avec un dévouement digne des plus grands éloges.
Ardent patriote, il avait été touché par l'accueil de
ces braves gens, qui étaient parvenus à lui faire oublier
M. de Bismarck. Joseph Mangot, qui n'avait reçu que des
contusions légères, fut bientôt en état de revenir en France
pour se préparer à d'autres expéditions, à celle notam-
ment qui a enveloppé aujourd'hui son nom d'un lugubre
mystère.

Au mois de novembre, le but des ascensions des deux associés ne devait pas être de parcourir de grands espaces
sur mer, et c'est par une fatalité déplorable qu'ils ont af-
fronté encore une fois les vagues. J'étais parvenu à leur
faire comprendre, sans trop de peine, que les ascensions
terrestres pouvaient leur fournir des moyens assurés de
s'illustrer sans courir d'aussi grands hasards. La grande
question du moment étant de consolider l'alliance qui paraît à la veille de s'établir entre la Russie et la France, je
donnai à mes jeunes amis le conseil de tenter de se ren-
dre dans l'empire des tzars par voie aérienne, en brûlant
la terre d'Allemagne. L'entreprise est certainement hardie,
mais on ne peut la considérer comme au-dessus des forces
de l'aérostatique actuelle, si l'on choisit un vigoureux vent
d'ouest.

Ce projet était bien fait pour séduire deux âmes ar-
dentes, brûlant du désir d'être utiles à la patrie, passion
qui était autrefois si commune et qui malheureusement
devient de notre temps si rare!! Environnés de l'auréole
de leurs succès. arrivant peu de mois après l'ascension de
Mendleieff, jeunes, hardis, de belle prestance, ayant toutes
les qualités aimables qui font rechercher les vrais républi-
cains, n'étant inféodés à aucun des partis politiques qui ou-
blient trop souvent la France pour se disputer un lambeau

de son budget , n'auraient-ils pas conquis facilement une grande et légitime influence.

Délaissant donc leurs agrès maritimes, Lhoste et Mangot se préparèrent à leur expédition en étudiant les moyens de rester très longtemps en l'air.

Après quelques tâtonnements dans le détail desquels il serait superflu d'entrer, ils se décidèrent à employer des *ballons satellites* analogues à ceux dont se sont servis Dupuis - Delcourt et Godard dans un but ornementatif, mais cette fois, les inventeurs avaient l'intention de les utiliser comme réservoirs, pour éviter l'ouverture de la soupape, manœuvre qui coûte beaucoup de gaz, et, quelquefois même, la vie aux aéronautes.

Lhoste avait songé pour la première fois à s'y soustraire, à la suite d'un accident terrible arrivé dans une ascension qu'il avait exécutée à Dunkerque, le 3 août de l'année courante.

Il voulait franchir une quatrième fois le détroit, avec un petit ballon de 600 mètres, à bord duquel il s'était embarqué tout seul. Il avait été obligé de s'élever à plus de 2,000 mètres pour chercher la couche de vents favorables; dès qu'il vit que les côtes britanniques approchaient, ce qui est très facile à reconnaître la nuit, grâce à la lumière des phares, il ouvrit la soupape afin d'avoir moins de chemin à faire pour regagner le sol britannique. Malheureusement, une portion du cataplasme qui garnissait le tour des clapets s'introduisit dans la charnière, de sorte que l'ouverture resta béante, le gaz sortit par torrent et l'aérostat tomba avec une vitesse vertigineuse. Si le choc avait eu lieu sur terre, Lhoste était perdu. Mais le coup se produisit sur un élément moins résistant dont Lhoste, ne craignait point assez les brutales carresses.

Par un hasard providentiel, un navire se trouvait à portée pour recueillir l'aventureux aéronaute , qui en fut quitte pour prendre un bain forcé, circonstance sans inconvénients au mois d'août, et à laquelle Lhoste ne prêtait jamais qu'une médiocre attention, car, robuste, adroit et hardi, endurci à tous les exercices du corps, il nageait comme un véritable poisson.

Quel jeune homme, à sa place, après avoir échappé à de tels hasards, ne se serait pas cru en quelque sorte invulnérable, et n'aurait pas dédaigné les conseils que lui donnaient les anciens, tout en approuvant des recherches fort utiles pour la météorologie? En effet, c'est sur mer que les courants généraux dominent et que l'on peut espérer étudier la manière dont ils se modifient, s'engendrent et se transforment. Au contraire, sur terre, les brises locales, d'une intensité souvent très grande, viennent se combiner avec les facteurs efficaces du temps, en empêchant de saisir la portée des mouvements atmosphériques que l'on snbit sans les comprendre. Mais si les excursions aériennes doivent se continuer à la surface des océans, c'est en employant des agrès spéciaux, en choisissant des instants précis, déterminés par la science, en n'abandonnant pour ainsi dire rien au hasard, en prenant pour modèle l'ascension de Cherbourg, triomphe éclatant que les deux jeunes aéronautes ont sans doute payé trop cher.

Nous ne pouvons mieux faire que de nous en référer à ce que Joseph Mangot a écrit lui-même. Les jeunes gens qui voudraient l'imiter n'auront qu'à suivre les précautions décrites dans les préparatifs de l'expédition de Cherbourg.

Le départ pour l'Est de l'Europe eut lieu le 6 novembre. Se conformant à son habitude de ne parler qu'après avoir agi, Lhoste n'avait convoqué qu'un très petit nombre d'intimes. M. Wagner, secrétaire de l'académie d'aérostation, aida à la manœuvre, j'assistai aux premiers préparatifs, et nous trinquâmes pour la dernière fois dans la salle réservée de la cantine des ouvriers de l'usine; c'est là que les voyageurs et leurs aides prennent ensemble un modeste dîner assaisonné de récits, d'exploits aériens, et de projets de futures expériences !

Qui eût songé que ces deux nobles cœurs allaient tantôt manquer à nos fêtes, que nous serions réduits à écrire bientôt d'une main émue leur oraison funèbre !

Le ciel était maussade, de gros nuages noirs se pressaient comme les moutons que paît Éole, et dont parle Homère !

A 9 heures on cria le *lâcher tout !* Presque immédiatement une pluie glacée tomba sur le dos des voyageurs, alourdissant le ballon, mais n'abattant pas leur résolution indomptable. Quand ils descendirent, à 4 heures du matin, il n'y avait plus de lest à bord; comme Lhoste et Mangot n'avaient fait que d'en jeter, il leur avait été impossible de faire le sacrifice d'un atome de gaz et par conséquent d'expérimenter les trois ballonnets de 50 mètres qu'ils avaient attachés à leur nacelle. Ils les rapportaient pleins à terre.

Après avoir passé une nuit pareille, les plus vaillants se seraient tenus pour battus. Lhoste et Mangot voulaient continuer leur voyage. La pluie avait cessé et le vent avait pris une impétuosité terrible, mais il soufflait encore vers la Russie. En route! Malheureusement, pour partir en tempête, les aérostats doivent être maniés par des experts; malgré leur bonne volonté les braves paysans lorrains qui donnaient la main aux voyageurs, ne purent maîtriser les oscillations du ballon qui toucha un pommier, l'étoffe fut déchirée, et le gaz se précipita dans l'espace.

Ni Lhoste ni Mangot n'étaient d'humeur à supporter avec patience un insuccès quelconque ; ils résolurent de prendre rapidement leur revanche, et une revanche éclatante.

Dès le 13 novembre, M. Cury le sympathique directeur des usines de la Compagnie parisienne, voyait revenir les deux associés avec l'*Arago*, lui demander encore une fois du gaz. Cette fois ils n'étaient point seuls, mais ils arrivaient en compagnie de M. Archdeacon, jeune homme de 17 ans, fils d'un agent de change de Paris, qui voulait goûter des agréments d'un voyage aérien en compagnie de deux habiles praticiens, considérés à juste titre comme hardis et expérimentés, et ayant devant eux un avenir immense.

MM. Lhoste et Mangot n'avaient point l'intention de diriger leur *Arago* dans une ligne déterminée, leur ambition se bornait à faire une ascension qui durât le plus longtemps possible, et qui leur permît d'expérimenter les fameux satellites.

Il faut à ce propos protester contre une théorie qui a été émise dogmatiquement par *le Temps* dans son numéro du 30 novembre, et qui a trouvé de l'écho dans *l'Echo de Paris* et dans un grand nombre d'autres feuilles.

Il n'y a pas à proprement parler d'aéronautes de profession, parce que la profession ne ferait pas vivre celui qui n'en aurait pas d'autre. Les villes se bornent le plus souvent à donner le gaz, laissant le reste des frais à la charge des personnes qui exécutent l'ascension par goût, en obéissant à une attraction que ne comprennent pas les *timides* se cramponnant à terre. Il y a dans les exercices aériens un charme inexprimable. Si on exécute des bonds quelquefois périlleux et toujours hasardeux, ce n'est nullement avec l'intention de poser pour un *héros*, mais de fuir pendant quelques instants l'air empesté des foules, d'oublier le spectacle des turpitudes de l'humanité, c'est par dégoût des affolements du vulgaire. On aime à se rapprocher de l'Eternel, à vivre, à respirer au milieu des grands spectacles de la nature naturante incompris, incompréhensibles pour des plumitifs renfermés dans quelque bureau de journal, cassant l'encensoir sur le nez de celui qu'ils ont adoré la veille, et adorant celui que demain ils voueront aux gémonies, *dès qu'il aura cessé de plaire.*

F. LHOSTE

JOSEPH MANGOT

Le nombre grandit, heureusement chaque jour, de ceux qui rêvent la conquête de l'air, et qui malgré les imperfections des ballons s'obstinent à s'en servir, espérant à force de hardiesse, de coup d'œil, de dextérité, leur donner tout ce qui leur manque! Mais revenons à l'ascension du 13 novembre.

En dépliant le ballon il arriva un accident. L'étoffe reçut un accroc triangulaire. Le développement de la cicatrice avait au moins 60 centimètres. Beaucoup auraient retardé l'expérience, Lhoste et Mangot se contentèrent de faire exécuter une reprise sommaire, puis on recouvrit la cicatrice d'une bande de diachylum et le tout d'un numéro de journal, sans doute le *Temps*, dont le papier est sans rival.

Pendant la période émouvante où le sort de nos deux jeunes amis était pour nous une préoccupation poignante, où nous attendions, avec une impatience fébrile, que le télégraphe nous apportât une heureuse nouvelle de quelque terre lointaine, j'ai bien des fois songé non sans terreur à cette cicatrice ; car je sais par expérience que par un air agité, le ballon est secoué quelquefois d'une façon très violente, que le même effet se produit lorsqu'il descend avec rapidité, ou lorsqu'il bondit avec élan. Je sais, de plus, par la catastrophe du ballon l'*Univers* et d'autres exemples, que dans ces circonstances exceptionnelles l'étoffe est tiraillée dans tous les sens, de sorte que les blessures mal fermées peuvent se rouvrir. Je me suis bien donné garde de faire part de mes craintes à ceux qui tremblaient sur le sort des jeunes disparus, mais actuellement il n'y a plus de raison pour cacher cette circonstance qui donne ouverture à de nouvelles suppositions, à de nouvelles hypothèses !

Au départ, les aéronautes avaient cent kilogrammes de lest, poids très suffisant pour bien faire, puisqu'il était décidé qu'ils déposeraient à terre leur compagnon, et qu'ils

repartiraient pour continuer à deux leur voyage. Les vivres
n'étaient pas abondants. Ils ne devaient emporter que deux
bouteilles de vin, deux livres de pain et un jambon ; ce
programme modeste, trop modeste, ne fut pas même suivi
avec ponctualité. Car le jambon resta à terre, sans que les
aéronautes s'aperçussent qu'il n'avait pas été embarqué.
J'espère que l'aide de manœuvre, qui a commis cette erreur, aura de cruels remords, même dans le cas où cette
omission aurait été produite uniquement par la négli-
gence ! ! Car à quelque époque qu'ait eu lieu la catastrophe, Lhoste et Mangot, avant d'être engloutis dans l'Atlantique, auront eu le temps de maudire la maladresse de
celui qui les aura privés de la joie de l'aéronaute : un repas
en pleine atmosphère ! Quelle table garnie des palais somp-
tueux vaut un jambon dégusté dans la région des
nuages !

L'*Arago* quitta le sol hospitalier de l'usine de La Vil-
lette à huit heures du matin, et prit immédiatement la direction du N. N. O., qu'il ne quitta pas, pendant toute la
durée du voyage au-dessus de la terre de France, et dans
la première partie du voyage sur mer.

Le vent était vif, et le panorama délicieux qu'offre la
vallée de la Seine, même lorsque les arbres sont dépouillés
de leurs feuilles, se déroulait aux pieds des voyageurs avec
une rapidité enchanteresse.

Le ballon tenait bien son gaz ; quoique sommaire, la
réparation de la déchirure était jusqu'alors parfaitement
suffisante. La consommation du lest était insignifiante,
et le vent avait une stabilité bien supérieure à celle du
commun des brises du sud-sud-est, qui sont réputées à
bon droit, nous en verrons bientôt un triste exemple, pour
être excessivement capricieuses.

Après avoir traversé Rouen, reconnaissable de loin à sa
grande flèche qui fait pâlir celle de Saint-Paul de Londres,

l'*Arago* s'engagea dans la basse Seine ; il plana bientôt au-dessus de la région où le fleuve ressemble à un petit bras de mer.

A ce moment, il devenait indispensable de descendre le troisième voyageur, et d'exécuter la seule partie du programme qui fût arrêtée d'une façon définitive. On en profita pour faire l'épreuve des ballonnets. Il suffit d'ouvrir légèrement la soupape de l'un d'eux pour que l'*Arago* obéît avec une docilité merveilleuse, surprenante quand on ne sait pas de quelle précision les mouvements aériens d'un ballon sont susceptibles.

Bientôt l'*Arago* planait à quelques mètres du sol. Des paysans s'accrochaient au guide-rope, pesaient sur ce cordage et amenaient facilement la nacelle à terre.

On était arrivé à Quillebœuf, à 184 kilomètres de Paris suivant l'*Almanach national;* il était onze heures du matin. L'aérostat avait filé avec une vitesse moyenne de 60 kilomètres par heure dans la direction de la côte anglaise.

Une fois que M. Archdeacon fut hors de la nacelle, il pria, il supplia ses compagnons de voyage, d'interrompre leur excursion, afin de déjeuner ensemble.

Si le vent avait soufflé dans toute autre direction, Lhoste et Mangot auraient accepté de grand cœur, ils eussent volontiers renoncé au plaisir de manger les vivres qu'ils croyaient encore posséder dans la nacelle de leur navire aérien et au plaisir de déboucher leurs bouteilles à mille mètres du niveau des repas ordinaires ; mais il leur sembla, que la fortune leur offrait l'occasion d'un nouveau triomphe qui confirmerait et consacrerait tous les résultats obtenus dans la nuit du 29-30 juillet ; qu'ils reviendraient avec une réponse triomphante pour clore la bouche aux jaloux prétendant qu'ils avaient réussi par hasard.

Ils oublièrent, hélas ! que s'ils avaient été heureux à Cher-

bourg, ce n'était qu'après avoir consulté le service maritime, et minutieusement suivi les prescriptions indiquées
par Giffard lorsqu'il recommandait l'expérience.

Ils ne virent qu'une chose! Ils avaient parcouru près de
la moitié de la route, et le chemin qu'ils avaient encore à
faire n'était pas beaucoup plus long que la traversée de
Cherbourg en Angleterre.

Ils hésitèrent un instant, il regardèrent Archdeacon, ils
regardèrent la direction des nuages, puis il se regardèrent
et ils échangèrent un sourire. Leur sort était scellé; c'était
dans le fond des gouffres inconnus de l'Atlantique que leur
dernière étape devait se terminer.

Comme on le fait chaque fois qu'on débarque un voyageur, les deux amis remplirent avec de la terre un certain
nombre de sacs de lest, pour emporter le poids équivalent
à celui du passager qu'ils laissaient à terre, et, joyeux, ils
bondirent dans l'espace.

Les paysans saluèrent de leurs acclamations ces hardis
voyageurs. M. Archdeacon se joignit à cette manifestation
et sa voix émue fut peut-être la dernière voix humaine que
Lhoste et Mangot durent jamais entendre!

On vit encore les voyageurs passer au nord de Tancar-
ville et de Barfleur, les habitants de Saint-Jouin crurent
qu'ils allaient descendre sur leur rivage hospitalier. En effet,
on vit l'*Arago* baisser rapidement au moment où il passait
au-dessus de la vigie du cap d'Antifer.

C'étaient les satellites dont on faisait l'expérience, et
auxquels on enlevait encore une fois une partie de leur
gaz.

Il était midi cinq lorsque l'*Arago* commença la partie
maritime de sa trajectoire. Le veilleur se mit à sa lunette
et suivit l'aérostat pendant près de 10 kilomètres, suivant
sans broncher la ligne nord-nord-ouest quoique son alti-
tude augmentât progressivement. Le mouvement de la

colonne d'air était régulier, uniforme sur une épaisseur considérable et la direction était bonne.

A peu près au moment où la vigie du cap d'Antifer cessait d'apercevoir l'*Arago*, il était vu par le capitaine de la *Georgette*, steamer du port de Dieppe, qui naviguait à l'ouest du cap d'Ailly, à 18 milles par son travers.

Cette observation, recueillie par le *Petit Journal*, aurait dû rassurer, elle jeta l'alarme, parce que ce marin déclara qu'il n'avait point aperçu de nacelle. Certaines personnes s'empressèrent d'en conclure que les aéronautes de l'*Arago* avaient abandonné leur navire aérien en pleine atmosphère. ·

Il ne fut pas difficile de démontrer que le capitaine avait été victime d'une erreur très commune lorsque l'on voit à une grande distance les ballons flottant dans l'atmosphère. En effet, les dimensions de la nacelle sont tellement petites qu'elles disparaissent devant celles de l'aérostat lui-même. La nacelle de l'*Arago* était d'autant plus difficile à voir, qu'elle était à jour, disposition qui n'est peut-être pas défavorable lors des traînages maritimes, parce que la résistance opérée au mouvement des vagues est moindre, qu'avec une nacelle tressée pleine à la manière ordinaire.

Celle de l'*Arago* devait se trouver masquée par les satellites, dont l'usage offre un inconvénient dont Lhoste et Mangot n'ont pu s'apercevoir que lorsqu'ils ont plané au-dessus de la mer. Tant que la force ascensionnelle du ballonnet est suffisante, la petite soupape joue avec une grande facilité. Mais il n'en est pas de même dès qu'elle diminue notablement, alors le satellite obéit à la main que tire la corde de soupape, et il devient impossible que la corde agisse sur les clapets, qui demeurent clos appuyés sur leur siège ; il faut donc retourner les ballonnets et les vider par l'appendice, mais comme ces globes ont 4 à 5 mètres

de diamètre, cette manœuvre nécessaire n'est point sans
offrir quelques dangers. Il peut très bien arriver que le
ballonnet échappe des mains des aéronautes et tombe à la
mer. C'est ainsi que nous expliquons la dernière observation à laquelle l'*Arago* a donné lieu, et dont nous
allons nous occuper tout à l'heure.

Nous serons d'autant plus disposés à adopter cette
théorie, que dans une enquête faite par le maire de Saint-
Gouin, à la requête des familles, il a été établi qu'un peu
après leur passage au zénith de cette station, on a pu voir
que les aéronautes étaient montés sur le bord de leur
nacelle et se préoccupaient d'arrimer leurs ballonnets qui,
allourdis par la fausse descente, flottaient moins franchement qu'au départ et avaient probablement déjà com-
mencé à surcharger l'aérostat, tout en contenant encore
une certaine quantité de gaz.

Lorsque le capitaine de la *Georgette* perdit de vue le
ballon, il montait toujours, ce fut un nuage qui le cacha.
Le vent avait tourné d'une façon notable, car, vers deux
heures, le ballon ne filait plus que dans le nord-ouest. Il
avait donc une tendance à prendre la direction de l'ouest,
et par conséquent à filer au large en passant au sud du
cap Finistère d'Angleterre.

C'était probablement dans l'intention de lutter contre cette
tendance fatale que MM. Lhoste et Mangot montaient toujours ; ils cherchaient bravement leur couche d'air et nous
verrons qu'ils la trouvèrent dans la haute atmosphère.

Au coucher du soleil, le steamer *Prince-Léopold* faisant
route pour Newcastle, petit port du nord de l'Irlande,
était arrivé au large de l'île de Wight, aperçut ce qu'il
nomme *un grand ballon* qui tombait à la mer, arrêta sa
marche et mit le cap sur l'épave; mais ne parvint à
découvrir ni marin, ni nacelle, quoi qu'il s'en fut approché
jusqu'à une vingtaine de mètres. Comme la nuit arrivait

à grand pas, et que ces parages sont semés de récifs, il s'éloigna dans la direction de l'ouest. Arrivé à Newcastle, en Ulster, il prit un chargement pour Lisbonne et toucha à Troon, petit port du sud de l'Ecosse, sans doute pour faire du charbon. Là, le capitaine Mac Donald lut un avis du *Lloyd* de Londres, demandant aux navigateurs des nouvelles du ballon l'*Arago*, et communiqua ce qu'il avait vu au correspondant de cette agence. La nouvelle fut immédiatement télégraphiée dans tous les journaux de Londres, et de là dans tous les journaux du monde.

Cette observation du *Prince-Léopold* donna lieu à une nouvelle alarme qui sembla cette fois bien fondée... mais il ne fut pas difficile de la dissiper.

En effet, même si la déchirure faite pendant le gonflement s'était ouverte dans la haute atmosphère, le capitaine du *Prince-Léopold* aurait vu passer une nacelle; n'aurait-il pas distingué les aéronautes, puisqu'il s'est approché d'assez près de l'épave pour apercevoir une casquette ?

Le ballon tombé à la mer n'est donc *grand* que pour un marin étranger aux choses de l'air. Ce qu'il a vu précipiter d'une hauteur inconnue, n'est qu'un des deux satellites.

La casquette semble prouver que Lhoste et Mangot n'ont pas cherché à s'en débarrasser pour délester leur navire aérien, car pour réussir, ils n'avaient qu'à trancher un cordage tendu. Ils devaient être occupés à une manœuvre plus difficile ; au retournement pour compléter la vidange du gaz par l'appendice : tombant malgré eux, le satellite a entraîné une casquette.

Au moment où l'équipage de l'*Arago* manœuvrait pour se rapprocher du niveau de la mer, et préparait sa descente, il faisait déjà sombre. Les ténèbres de la nuit, les brouillards du soir troublaient la transparence de l'air. Un bond inattendu survenant, les aéronautes ont perdu tout à coup leurs repères. Ils ont traversé la Péninsule de Cornouailles sans s'en douter, et passé de la Manche dans le canal de Bristol sans s'en apercevoir.

Tout porte à croire que c'est par suite de ce fatal obstacle, en un moment psychologique, qu'ils se sont ainsi égarés dans l'espace.

En effet, la trajectoire probable conduit précisément l'*Arago* dans la partie étroite qui sépare la Manche du canal de Bristol, sorte de péninsule très allongée dont le col n'a pas plus de 100 kilomètres, distance aisée à franchir en moins d'une heure. De plus, comme il faisait *grand frais* à la surface de la mer, le vent supérieur devait filer avec les allures de la franche tempête.

Et tout cas, soient qu'ils aient été dérivés le long de la côte anglaise, soit qu'ils aient bondi impétueusement au-dessus de la Cornouaille, nos amis ont terminé leur ascension dans la partie de l'Océan Atlantique qui s'étend au sud de l'archipel britannique et au nord de l'archipel des Açores.

Ce dernier groupe d'îles se prolonge sur une longueur de 6 à 700 kilomètres dans une direction perpendiculaire à celle du vent qui régnait alors. Outre les sept îles principales qui appartiennent au Portugal depuis que l'infant don Henrique en a fait faire la découverte, et qui sont un véritable paradis terrestre, il comprend une multitude de rochers où des épaves peuvent s'accrocher.

Cette circonstance et les raisonnements publiés dans le *Times* avaient fait courir le bruit que l'on y avait retrouvé le ballon. Comme l'archipel n'est pas relié télégraphiquement avec l'Europe, on pouvait expliquer ainsi le retard mis à la réception des nouvelles.

Aussitôt la famille Mangot envoya un télégramme à M. Ladevèze, consul de France à Las Palmas, capitale des Canaries, bien à même de faire une enquête sur cet événement. Deux ou trois jours après, ce fonctionnaire répondit par la même voie que ce bruit était dépourvu de fondement. La nouvelle qui avait ramené l'espérance dans bien des cœurs, n'était, hélas! qu'une vaine rumeur.

Bientôt nous devions trouver dans la *Graphic* la confirmation absolue du passage au-dessus de la péninsule de Cornouailles. Car un excellent article dû à M. Le Fevre, président de la Société des ballons de Londres, se termine en apprenant que l'*Arago* a été aperçu voguant en plein Atlantique, par les habitants de Bideport, ville du Nord-Devon, fameuse dans les annales maritimes de la Grande-Bretagne. Car, c'est-là qu'un intrépide capitaine d'Elisabeth, résista victorieusement à toute une flotte espagnole!

Comment se fait-il que les regards des descendants de ces vaillants défenseurs de la liberté, aient pu suivre nos intrépides une heure après l'instant où ils avaient confondu l'Angleterre avec les mers orageuses qui l'environnent?

Hélas, l'œil des terriens plongés dans la nuit, aperçoit longtemps les objets éclairés dans la haute atmosphère par un dernier reflet du jour mourant! Mais, depuis longtemps, l'œil du voyageur aérien encore imprégné de lumière, ne discerne rien dans les obscurités de la terre !

Que de poésie amère, mais grandiose, dans cette observation dernière faite au seuil de la nuit lugubre ! Quelle scène digne comme l'engloutissement de Schelly, de trouver un Byron ou un Turner pour faire couler de nobles larmes ! ! Quelle fin et quelle tombe grandiose ! ! Mais la mort, n'est pas la mort, c'est une autre vie qui commence et qui doit être glorieuse pour les émules d'Icare ! !

La vérité suprême ne se connaît point encore, mais, quoiqu'il reste ouverte à l'espérance une porte que nous devons nous garder de clore, le résultat, trop probable, le voici : Après avoir lutté plus ou moins longtemps avec vaillance comme de véritables aéronautes français doivent le faire dans toutes les circonstances ; affaiblis peut-être par le froid, la faim et la soif, mais soutenus jusqu'au dernier moment par l'espoir que la fortune, qui leur avait souri trop de fois ne les abandonnerait pas, Lhoste et Mangot ont trouvé dans l'océan la tombe de Lacaze, de Prince, d'Eloï, de Powel et de Gower !

Comme les héros dont parle un de nos chants nationaux, on peut dire de ces deux jeunes hommes : « Ils sont morts mais ils ont vaincu ». Oui, ils ont vaincu, puisqu'ils ont traversé l'Angleterre. Ils auraient pu descendre, et goûter la satisfaction d'un nouveau triomphe « s'ils n'avaient été trahis par la lumière ».

Gardons-nous de les blâmer, et surtout de les plaindre ! Ceux qui meurent pour une idée, ceux qui succombent sur les champs de bataille sont à glorifier. Réservons notre pitié pour les êtres chéris qu'ils laissent toujours sur la terre lorsqu'ils se sont envolés dans l'espace ! Ayons aussi des regrets pour la patrie, qui a perdu deux cœurs ardents, deux braves. Certes, ceux-là n'auraient point hésité à courir d'autres périls, s'il s'était agi de faire servir les ballons à frapper les ennemis de la République française !

Heureusement la race des grands imprudents n'est pas près de s'éteindre, et le trépas prématuré de l'équipage de l'*Arago*, n'empêchera pas d'autres ardents, amis de la navigation aérienne de braver l'océan courroucé, de faire flotter notre drapeau national au plus haut des airs, de faire retentir nos refrains patriotiques au-dessus des abîmes océaniques.

Le 5 juin 1883 nous nous trouvions chez Lemardelay, assis à une table somptueuse. Nous célébrions par un banquet, que présidait Tissandier, le centième anniversaire du premier acte de la conquête de l'air. M. Sadi-Carnot qui était assis à la gauche de l'aéronaute du *Zénith*, et dans lequel, malgré son mérite, personne alors ne devinait le futur président de la République, venait de rappeler les glorieux souvenirs des vieux aérostats de Meudon, lorsqu'on nous apporta un télégramme arrivant de Boulogne. L'éclair nous apprenait que deux des nôtres, MM. Eloy et Lhoste, s'étaient associés pour célébrer la naissance de la navigation aérienne, en franchissant la Manche comme Pilatre avait tenté de le faire. Nous applaudîmes, espérant qu'ils réussiraient. De ces deux amis, un a été englouti, pour ne pas avoir atteint le but de ses efforts, et l'autre sans doute, pour l'avoir atteint trop de fois ! Qu'ajouterais-je à de pareils souvenirs !!

Imprimerie du *Spectateur militaire*.
Paris. — Typ. H. Noirot, rue de l'Abbaye, 22.

LE

SPECTATEUR MILITAIRE

RECUEIL

DE SCIENCE, D'ART ET D'HISTOIRE MILITAIRES

Fondé en 1826

PARAISSANT LE 1er ET LE 15 DE CHAQUE MOIS

Sous la direction de M. Henri NOIROT

PRIX DE L'ABONNEMENT

FRANCE ET ALGÉRIE. . . . . 1 an **35** fr. 6 mois **20** fr. 3 mois **10** fr.
ÉTRANGER (*Union postale*). . . — **40** — **22** — **11**
ÉTRANGER (hors l'*Union postale*) . — **45** — **24** — **12**

Chaque livraison séparément : 2 fr.

Le *Spectateur Militaire* paraît le 1er et le 15 de chaque mois en une livraison de 100 pages environ, avec cartes, plans, dessins. Les vingt-quatre livraisons de l'année forment quatre forts volumes.

Les abonnements partent du 1er de chaque mois, et sont reçus au bureau du *Spectateur Militaire*, 39, rue de Grenelle-Saint-Germain, Paris. On s'abonne également chez les principaux libraires de la France et de l'étranger et *sans frais* dans tous les bureaux de poste.

Tout ce qui concerne la rédaction et l'administration doit être adressé franco de port à M. H. Noirot, 39, rue de Grenelle-Saint-Germain.

Les annonces sont reçues au bureau du Journal.

VIENT DE PARAITRE

JOSEPH MANGOT

TRAVERSÉE
DE LA MANCHE

DE CHERBOURG A LONDRES

PRÉCÉDÉE DE

LA PRÉFACE D'UN FRÈRE

Prix. . . . . . . 1 Franc.

LE DÉPART DE L'ARAGO

POUR LA HAUTE MER

Le 14 novembre 1887, à 11 heures 15 (Quillebœuf.)

(Science illustrée.)

www.ingramcontent.com/pod-product-compliance
Ingram Content Group UK Ltd.
Pitfield, Milton Keynes, MK11 3LW, UK
UKHW021207140726
13695UKWH00005B/2403